献给我所有的老师们，
感谢你们对我的引导和支持。

WHAT'S INSIDE A FLOWER?
Copyright © 2021 by Rachel Ignotofsky
This translation published by arrangement with Random House Children's Books,
a division of Penguin Random House LLC
Simplified Chinese translation copyright © 2023 by Beijing Dandelion Children's Book House Co., Ltd.
ALL RIGHTS RESERVED

版权合同登记号 图字：22-2021-058

图书在版编目（CIP）数据

花的里面有什么？/（美）瑞秋·伊格诺托夫斯基著；
周杰译. -- 贵阳：贵州人民出版社，2023.2
ISBN 978-7-221-17226-6

Ⅰ. ①花… Ⅱ. ①瑞… ②周… Ⅲ. ①花卉—儿童读
物 Ⅳ. ①S68-49

中国版本图书馆CIP数据核字(2022)第159016号

花的里面有什么？
HUA DE LIMIAN YOU SHENME?

策划 / 蒲公英童书馆
责任编辑 / 颜小鹏　执行编辑 / 姚俊雅
装帧设计 / 王艳霞
责任印制 / 郑海鸥
出版发行 / 贵州出版集团　贵州人民出版社
地址 / 贵阳市观山湖区会展东路SOHO办公区A座
电话 / 010-85805785（编辑部）
印刷 / 北京利丰雅高长城印刷有限公司（010-59011367）
版次 / 2023年2月第1版
印次 / 2023年2月第1次印刷
开本 / 965mm×1150mm 1/16
印张 / 3
字数 / 30千字
定价 / 48.00元
官方微博 / weibo.com/poogoyo
微信公众号 / pugongyingkids
蒲公英检索号 / 220290100

如发现图书印装质量问题，请与印刷厂联系调换 / 版权所有，翻版必究 / 未经许可，不得转载
质量监督电话 010-85805785-8015

花的里面有什么？

[美]瑞秋·伊格诺托夫斯基 著　周杰 译

贵州出版集团　贵州人民出版社

有花植物怎样生长？　　　　为什么植物会开花？　　　　花的里面有什么？

科学
会帮助我们回答这些问题！

花瓣

花

叶

茎

根

一切都从一颗种子开始。

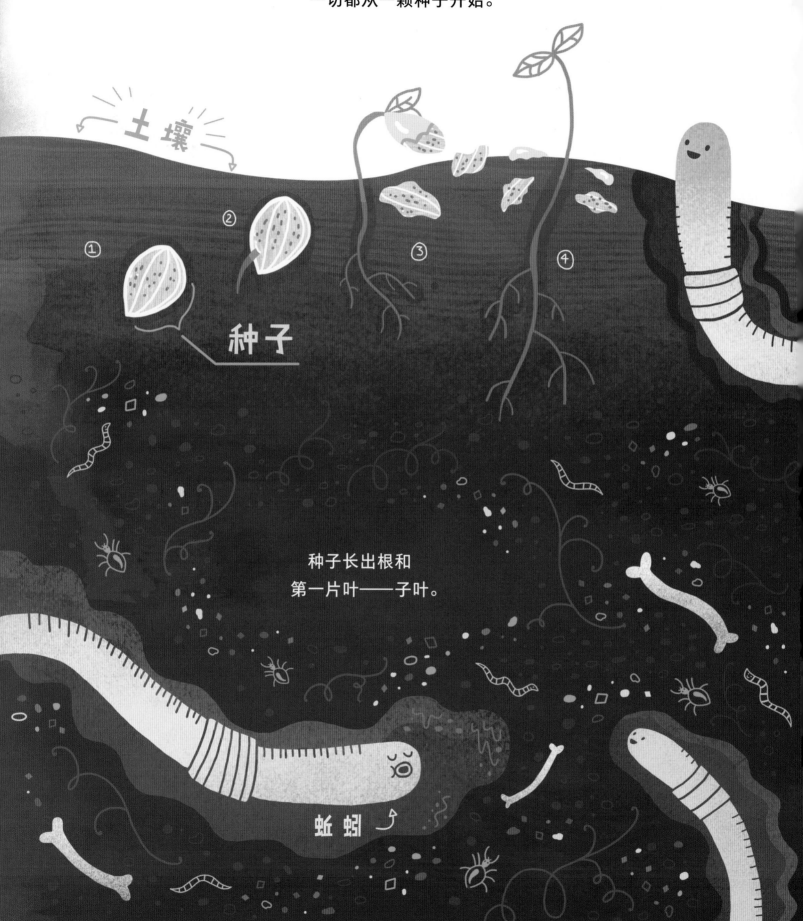

土壤

种子

种子长出根和第一片叶——子叶。

蚯蚓

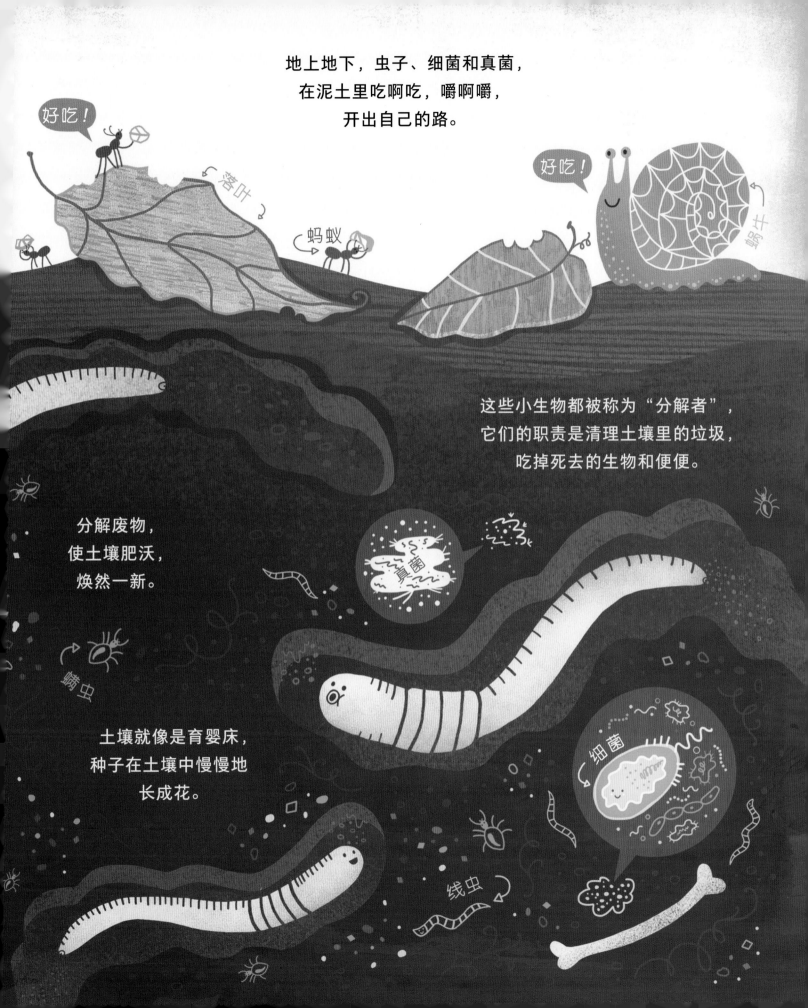

茎

蚂蚁

雨水渗透进地面，抵达根部。

水

主根

土壤中的矿物质使植物强壮。

蚯蚓

根毛负责吸收水和矿物质。

看！
花的茎冲出了土壤。

茎

水和矿物质

叶柄

从土壤中吸收的水和矿物质被茎运送到植物的各个部位。

地上是枝系，负责冲锋

地下是根系，负责挖坑

叶有一项
重要工作，
晒太阳！

植物以阳光为食，
这种把阳光变成食物的能力，
就叫作光合作用！

哇！

叶

阳光

阳光

光合作用

植物利用以下这些东西来进行光合作用：
阳光、水和空气中的二氧化碳

能量 + H_2O + CO_2

植物就是用这些原料来制造糖分等物质，
那可是植物的营养大餐！

光合作用
在这里进行

显微镜下的
植物细胞

将阳光转化为食物，
是植物最不可思议的本领！

植物还能通过光合作用来净化空气。

空气中的二氧化碳被吸进去……

新鲜的氧气出来了!

大家都在呼吸清新的空气!

一朵花需要阳光、水和矿物质来生长，
就像人们需要吃东西一样。

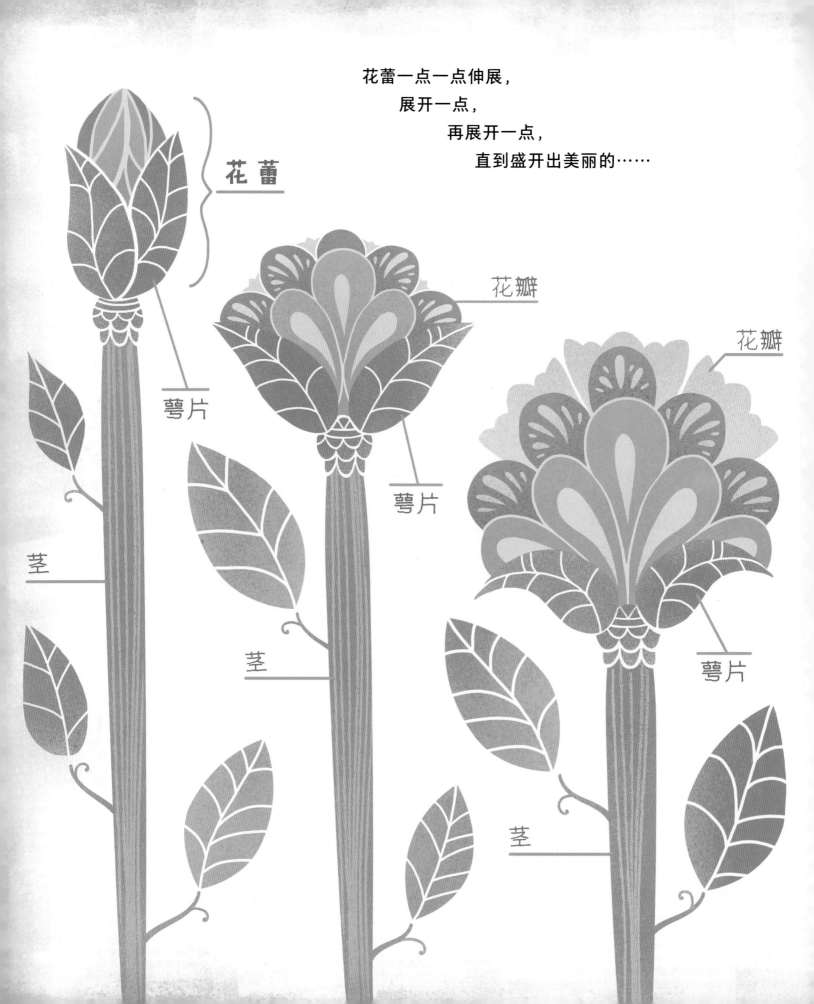

花蕾一点一点伸展,
展开一点,
再展开一点,
直到盛开出美丽的……

花！

让我们来剥开这朵花，
看看种子是在哪里形成的。

雌蕊
- 柱头
- 花柱
- 胚珠
- 子房

花粉

雄蕊
- 花药
- 花丝
- 花瓣

萼片

茎

叶

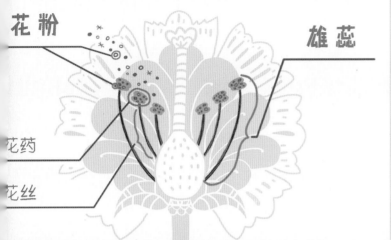

雄蕊产生毛茸茸的颗粒——花粉。

雌蕊包含有黏性的柱头和小小的胚珠。

只有花粉准确地落在一朵花的柱头上时，花才能结出新的种子。

这个过程叫作授粉。

授粉是在同一种植物之间进行的。

少数种类的有花植物能够自己结出种子。

我可以自己授粉。

我可以自己制造种子。

向日葵

但大多数有花植物都需要另一株植物的花粉才能结出种子。

这叫作异花授粉。

我需要你的花粉！

为了制造种子，我们需要帮助！

花通过各种方式吸引授粉者。

三色堇

花粉

花粉

杜鹃花

许多花有着色彩鲜艳的花瓣，就像是写着"花蜜畅饮"的霓虹标志。

月光花

秘鲁天轮柱

夜里开放的花闻起来十分香甜，它们散发出浓郁的气味吸引授粉者，这样授粉者才能在黑暗中找到它们。

植物制造越多的种子,就代表有越多的植株有机会被传播到这个世界!

花靠授粉孕育新的种子。

花粉落在柱头上，伸出小小的管子，精子顺着管子抵达胚珠。

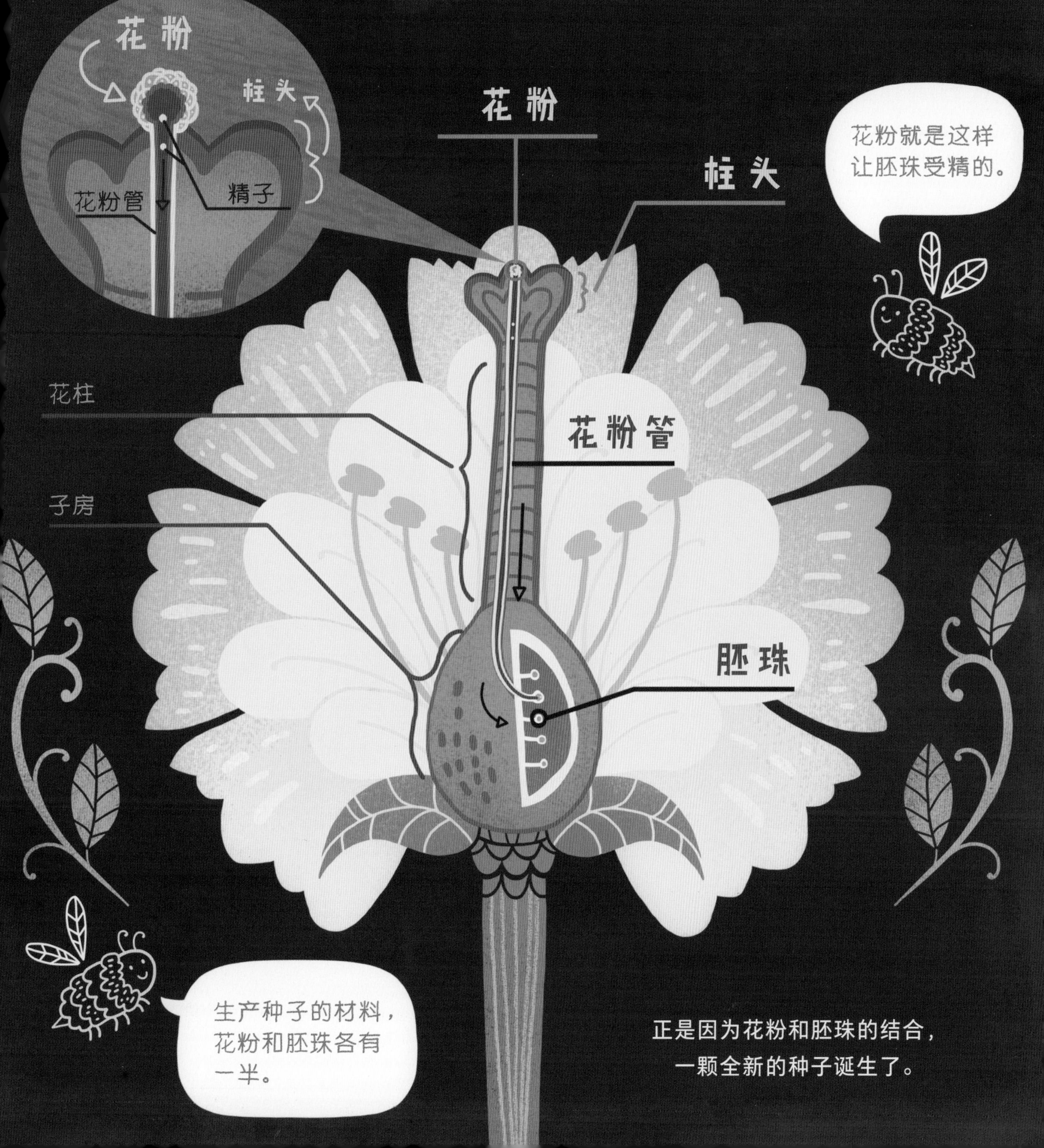

花粉
柱头
花粉管
精子

花粉
柱头
花柱
子房
花粉管
胚珠

花粉就是这样让胚珠受精的。

生产种子的材料，花粉和胚珠各有一半。

正是因为花粉和胚珠的结合，一颗全新的种子诞生了。

种子长大了,花发生了变化。

花瓣枯萎凋谢……

长出包裹种子的果肉或果荚。

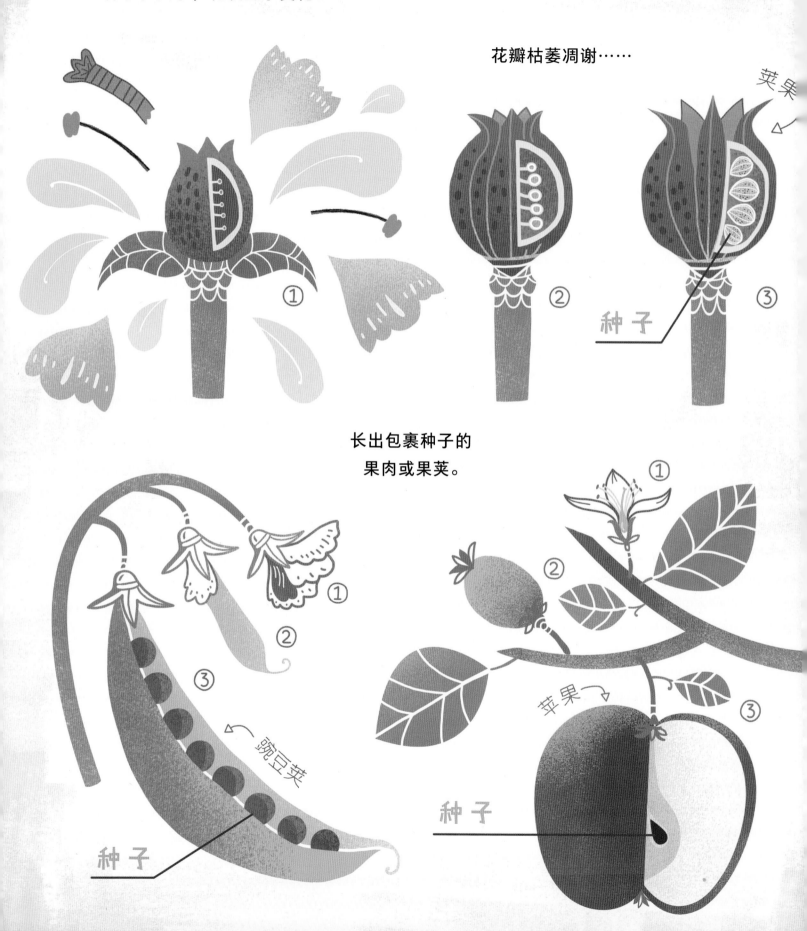

果肉、果壳、果荚，
植物用不同的方式，
保护着珍贵的种子。

种子们开始了流浪之旅。

它们从山上滚落,随风飘散,随水漂流。

有些种子用"翅膀"滑翔。

有些种子又重又硬。

还有些种子外面长满了倒钩,它们把自己挂在动物身上,开始"便车旅行"。

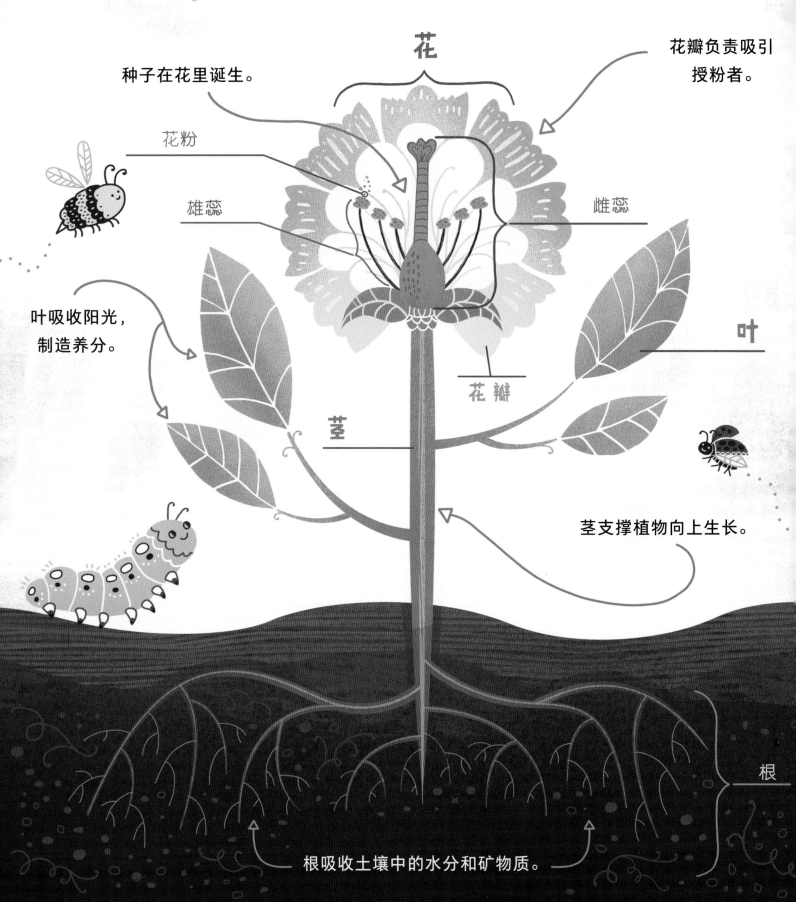

了解了花的重要贡献：

花生产种子，让植株遍布全世界。

它们能制造新鲜的空气。

给人和动物提供好吃的食物。

还有其他数不尽的用途。

你会在花园种下什么呢?
它们会结出果实吗?

美味的西红柿?

芳香的薰衣草?

高大的向日葵?

无论花园里有什么，
都会让你十分欢喜！
因为你了解花，
你能看到花的内在，
那些你懂得的知识，
让花特别了起来。
遍地盛开的花，
让我们的地球，
变得更美好！